品成

阅读经典 品味成长

壹心理 著

自写自愈

人民邮电出版社

北京

自　序

写下这篇自序，我们团队的每个人心中都充满了喜悦和期待，因为这本手账不仅仅是一个记录文字的载体，更是一场关于自我关怀的心灵之旅。在创作这本手账的过程中，大家投入了许多心血，希望它能成为你生活中的一位亲密朋友，引导你走向更加关心自己、体贴自己的道路。

这本手账的设计初衷源自对自我关怀的深刻思考。在如今繁忙的生活中，我们常常被工作、社交、琐事紧紧包围，而忽略了对自己内心的聆听。通过这21天的心灵之旅，希望能唤醒你对自身需求的关注，在结构化的心理书写过程中找到自我关怀的力量。

每一页都是这场旅程的一站，每一天都是一个新的开始，希望你能够更加敏锐地观察自己、倾听内心的声音，并与周围世界建立起更深层次的联结。第一周的书写，或许一开始并不是那么容易，你可能会说生活中糟心的事情太多，若你耐心地跟着引导书写，你将在这个过程中找到属于自己的平静和喜悦。第二周的书写，将会带你用一个新的视角去看待自我和外界的关系。在这个过程中，书写将重新链接他人与你内心，让你感受到联结的力量。第三周的书写，或许和前两周不太一样，可能会唤起过去的一些不愉快，但直面那些曾经的痛苦，你将会发现我们其实有更多善待自己的方法。

我们希望这本手账不仅仅是一本记录工具，更是你心灵成长的见证。手账的每一个字、每一个小图画都是我们美好的期待。希望你能够在这21天里感受到内心的力量，领悟到自我关怀的真谛，并在完成这本手账后，继续保持对自己的关照。

这本手账将是你内心的庇护所，是你心灵的后花园。当你感到疲惫时，可以在这里找到安慰；当你感到迷失时，可以在这里找到方向。愿这本手账成为你心灵的指南，带领你打开通向自我关怀的大门。

在这场属于你的旅程中，愿你在文字中发现勇气，在笔下找到温暖。愿这本手账，如同一盏明灯，照亮你心中的夜空，引导你迈向自我关怀的彼岸。

愿你的旅途充满光芒，如同星空之夜。

壹心理研发团队

2023年12月

第一部分
累积幸福资源

生活的点滴小事，
都能帮你收获想要的幸福感。

"知乎"上有一个很火的问题：
"为什么一切都很好，但我就是快乐不起来？"

你说他"不正常"吧，他可以正常社交，照常上班；但你说他"正常"吧，生活没有任何动力，没有喜悦，也感受不到意义。其实不光是普通人，很多光鲜亮丽的"超级明星"，也一样摆脱不了这只"摄魂怪"。比如贾斯汀 · 比伯（Justin Bieber），这个全世界无数少女的偶像，财富、声望一个不缺，但也曾向媒体坦言"自己感觉不到幸福"。

这种"感觉"，我们称之为"情感钝化"（Emotional Numbness）。简单来说，就是一种内心空虚、麻木的状态。在这种状态下的个体，犹如一具被设定好程序的机器人，会根据场景表演情绪，该笑了就笑，该哭了就哭，但就是觉得，那不是自己。当一个人始终触碰不到真实的自己，那生命对他而言，似乎就失去了意义。

"情感钝化"的核心是虚假自体。当一个人围绕着自己的感觉长大，他形成的就是真实自体；而如果他围绕着的是他人的感觉，那形成的就是虚假自体。

别人不喜欢我脆弱的样子，所以我表现出坚强；
别人不喜欢我任性的样子，所以我表现出懂事；
别人不喜欢我骄傲的样子，所以我表现出谦逊……
这样父母就能接受我了，我在意的人就能接受我了，大众就能接受我了。它可以帮助我们更高效地适应社会。

但同时，它有一个致命的问题：无法真正地享受人生。

如果说，虚假自体像摄魂怪一样，吸走我们的生命动力；那么真实自体就是呼神护卫，守护了我们的精神家园。那么，该如何强大我们的真实自体呢？

第一步，试着尊重自己的感受。爱自己的第一步，就是把自己真实的感受放在第一位。明白其他一切，都只是为自己的感受服务。

第二步，试着做一些真正滋养自己的事。先从娱悦自己的感官开始吧。喜欢香香的味道，就去买一瓶自己真正喜欢的香水；喜欢美食，那就趁着周末，精心准备一顿喜欢的晚饭，暂时抛下对卡路里的顾虑；去感兴趣的展，去想了很久的巷子，去图书馆的角落，让自己的眼睛"饕餮"一次。

第三步，如果有机会，尝试建立一段真实的关系。心理学家维克多·弗兰克尔（Viktor Emil Frankl）曾讲过：投入地去爱，投入地去做一件事，幸福就会降临。所以，当有机会建立一段真实的关系时，试着勇敢一点，往前走一步。

或许等着你的，就是一个大大的惊喜。

春日雨，夏蝉鸣，明天是个好天气。

作者：晴岸

第一周

第1天　　今日书写　　记录当下美味

第2天　　今日书写　　保存幸福味道

第3天　　今日书写　　记录悦耳之声

第4天　　今日书写　　拍下美妙瞬间

第5天　　今日书写　　尝试触觉美好

第6天　　今日书写　　此时此刻石

第7天　　今日书写　　带着关怀前行

幸福不是一个地点，而是一个方向。

——悉尼·J.哈里斯（Sydney J. Harris）

WEEKLY
PLAN

本周计划

星期一	星期二

星期四	星期五	星期六

星期三

星期日

本周最期待的事情

年　　月　　日

时间
(06:00)

(:)

(:)

(:)

(:)

(:)

(:)

(:)

(:)

(:)

(:)

(:)

(:)

(:)

(:)

(:)

(:)

(:)

(:)

(:)

今日天气

今日气温

今日心情

今日待办

- ☐
- ☐
- ☐
- ☐
- ☐
- ☐
- ☐
- ☐

目标睡眠 21:00 22:00 23:00 24:00 01:00 02:00 03:00 04:00 05:00 06:00

实际睡眠 21:00 22:00 23:00 24:00 01:00 02:00 03:00 04:00 05:00 06:00

睡眠质量

好眠	一般	难眠	失眠	做梦	美梦	噩梦	忘了

今日步数

记录当下美味

你有多久没有仔细感受过味觉带来的美妙了呢？请你试着留意目前所尝到的味道中，能让你产生积极感受的食物。

1.描述食物

它是什么颜色的？什么形状的？吃起来是什么口感和味道？你还有什么其他想记录的？

2.我的感受

如果你不知道如何描述你的感受，以下是可供你参考的积极感受词汇：快乐、满足、爱、自豪、感激、兴趣……

3.我的启发

这些感受会让你联想到什么人、事、物呢？有其他的想法或启发也可以写下来。

书写范例

哈密瓜味的玉羊甜筒，泛着点绿光，

吃起来甜甜的，闻到了哈密瓜味和奶香味。

我的感受是快乐，内心产生了很多快乐泡泡，同时嘴角也在上扬，眉头舒展开来。

这让我联想到了：小时候放学坐在家门口，大口吃西瓜的场景。那时的自己无忧无虑的，很开心。

其他的想法：我似乎一直困在工作中，很久没有这么开心了，今晚要买个西瓜犒劳一下辛苦的自己。

快乐：又或者是开心、愉快、高兴

满足：也可以是平静、放松

感兴趣：好奇、新颖、冲动

自豪：自己被他人/自我认可时的感受

感恩：感受到来自外界馈赠时的幸福、快乐

爱：包含了前面五种情绪的复杂感受

*假如此时此刻的你觉得这个任务有些难度，也不要给自己太大压力，可以选择带着这样的想法去观察和留意，收集好素材之后再完成书写。

食物

感受

启 发

知识卡

书写目标

调用味觉来帮助我们专注于当下，产生积极情绪。

书写原理

专注于当下

重新调动起我们的味觉感官，学会将注意力锚定当下。

体验味觉带来的积极情绪

用味觉寻找生活中可以增强幸福感的资源，为应对压力打下基础。

相关概念

1.心智游移（Mind-wandering）

指人在清醒状态下自发产生的意识状态，是不受意识控制的。它又被称为白日梦、无关思维、离线思维。

当你发现自己很难专注地做一件事，注意力经常分散，不受控制，那你很有可能是出现了心智游移现象。研究者基林斯沃斯（Killingsworth）通过大样本调查发现：在日常生活中，人们出现心智游移现象的比例可达46.9%。

2.心智游移与情绪

研究发现，消极情绪往往引起更频繁的心智游移现象，尤其是在具有负性情绪障碍的个体身上。被焦虑、抑郁情绪困扰的实验者出现心智游移的频率比对照组的实验者要高。

但是，心智游移本身并不具有产生消极情绪的性质，研究表明频繁的积极的自发思维同样可以增加积极情绪。

*接下来的7天我们将调用不同的感官，反复练习"专注于当下"和觉察，积累积极资源，其中使用到的心理学技术及原理，也会以"一天一点"的方式，缓缓揭秘。

年　月　日

时间
06:00

今日天气

今日气温

今日心情

今日待办

☐

☐

☐

☐

☐

☐

☐

☐

目标睡眠	21:00	22:00	23:00	24:00	01:00	02:00	03:00	04:00	05:00	06:00
实际睡眠	21:00	22:00	23:00	24:00	01:00	02:00	03:00	04:00	05:00	06:00

睡眠质量 好眠 一般 难眠 失眠 做梦 美梦 噩梦 忘了

今日步数

保存幸福味道

嗅觉是最容易唤起情绪记忆的一种感觉。请你试着留意周围的环境，找出1~2种让自己能产生积极感受的气味。

1.记录气味
它闻起来是清爽的还是浓郁的，还是多种味道混合的？你还有什么想记录的？

2.我的感受
如果你不知道如何描述自己的感受，以下是可供你参考的积极感受词汇：快乐、满足、爱、自豪、感激、兴趣……

3.我的启发
这些感受会让你联想到什么人、事、物呢？有其他的想法或启发也可以写下来。

书写范例

气味

我闻到了刚出锅的饺子面汤味。

汤是乳白色的，是白开水煮熟的味道，

隐约还夹杂着饺子馅散发出来的淡淡肉香。

感受

我的感受是爱，包含幸福，还有快乐。

启发

这让我联想到了：过年的时候，全家人围聚在一起

聊天、包饺子。

其他的想法：好久没有见到爸妈了，虽然没有办法

马上回家，但是我可以马上给他们发微信，表达我

的思念。

*假如此时此刻的你觉得这个任务有些难度，也不要给自己太大压力，可以
选择带着这样的想法去观察和留意，收集好素材之后再完成书写。

气味

感受

启 发

知识卡

书写目标

专注感受气味，扩大觉察力范围，积累积极资源。

书写原理

专注于嗅觉，提高主动注意的稳定性

积累嗅觉积极资源

在各种各样的气味中探寻未曾注意到的美好，感受愉悦的同时，将这个体验深深印入脑海中，作为自己逃离生活压力时的港湾。

相关概念

1.主动注意

又叫有意注意或专注，是指有预定目的、需要意志控制的注意。

稳定性注意是指注意力在一定时间内保持在某个对象或活动之上，与之相对的就是分散性注意，也称为分心。稳定性是衡量注意力品质最重要的指标。

2.主动注意与心智游移

主动注意与心智游移都会占用认知资源和记忆容量，两者是此消彼长的关系。

3.嗅觉与情绪

作为唯一一个不完全依赖丘脑，可以直接进入皮层和边缘系统（高级加工区域）的感觉，嗅觉是与记忆和情感联系最密切的感官，但却最容易被人们忽视。

国际品牌大师马丁·林德斯特伦（Martin Lindstrom）的研究指出："人的情绪有75%是由嗅觉引（诱）发的。"
气味存在着连接诱发作用，特定的气味可以与闻到该气味时的情绪体验产生联结。

年　　月　　日

时间
(06:00)

今日天气

今日气温

今日心情

今日待办

- [ ]
- [ ]
- [ ]
- [ ]
- [ ]
- [ ]
- [ ]
- [ ]

目标睡眠　21:00　22:00　23:00　24:00　01:00　02:00　03:00　04:00　05:00　06:00

实际睡眠　21:00　22:00　23:00　24:00　01:00　02:00　03:00　04:00　05:00　06:00

睡眠质量　好眠　一般　难眠　失眠　做梦　美梦　噩梦　忘了

今日步数

记录悦耳之声

声音是情绪的传递者。请你试着集中注意力，写下听到的1~3种声音，能让自己产生积极感受的声音。

1.写下1~3种声音

是普通声响还是音乐？离得近还是远？音量大小如何？你还想如何描述它？

2.我的感受

如果你不知道如何描述你的感受，以下是可供你参考的积极感受词汇：快乐、满足、爱、自豪、感激、兴趣……

3.我的启发

这些感受会让你联想到什么人、事、物呢？有其他的想法或启发也可以写下来。

书写范例

声音

早晨我听到了窗外的自行车铃声，由远及近，又慢慢变远；还有楼下卖水果的大叔放的喇叭叫卖声，在喊着："西瓜4元1斤"。

感受

我的感受是平静、好奇。

启发

这让我联想到了：这其实就是一个普通的早晨，和平时一样，但是我的心境却截然不同了。

其他的想法：平平淡淡也蕴藏着美好，只要换个视角就能发现。

*假如此时此刻的你觉得这个任务有些难度，也不要给自己太大压力，可以选择带着这样的想法去观察和留意，收集好素材之后再完成书写。

启发

知识卡

书写目标

有选择地用心听，诱发积极情绪体验，提高听觉觉察力，积累积极资源。

书写原理

提高听觉觉察力
和外界的声音世界建立联系，可以让我们更好地专注于当下。

积累听觉积极资源
集中注意力在某种声音或音乐上，让自己进入忘我状态，将这种感受和情绪体验记录在脑中，丰富自己的积极资源库。

相关概念

1.感知觉察（Sensory Awareness）

帮助我们觉察感知体验，将我们的大脑、身体和现实世界建立联结，让我们与消极感受保持一种健康的距离。

在前面的3天里，我们尝试过对味觉、嗅觉和听觉三种感官的感知觉察，接下来的两天中，我们还会进行视觉和触觉的觉察。

2.声音与积极情绪

研究发现，自然界的声音、非言语音节以及音乐都可以诱发情绪体验。

梅农（Menon）等人研究发现：愉快的音乐可以唤起与奖赏调控相关的脑区，让我们产生愉悦的情绪。音乐往往还能够诱发更为深入、持久的情绪体验。

彩蛋——快乐预计单

恭喜你，坚持了3天的打卡。

今天想送给你一个行动力急救小锦囊——快乐预计单。

当你感到难过、不想动、拖延时，可以打开使用。

填写步骤：

1.选择2～3个小事（小事指你无须花很大力气，能在一天内完成的事情

2.填写这件事情给你带来的预计快乐值。

快乐小事 1

快乐值	1	2	3	4	5	6	7	8	9	10

快乐小事 2

快乐值	1	2	3	4	5	6	7	8	9	10

快乐小事 3

快乐值	1	2	3	4	5	6	7	8	9	10

快乐小事 4

快乐值	1	2	3	4	5	6	7	8	9	10

快乐小事 5

| 快乐值 | 1 | 2 | 3 | 4 | 5 | 6 | 7 | 8 | 9 | 10 |

快乐小事 6

| 快乐值 | 1 | 2 | 3 | 4 | 5 | 6 | 7 | 8 | 9 | 10 |

快乐小事 7

| 快乐值 | 1 | 2 | 3 | 4 | 5 | 6 | 7 | 8 | 9 | 10 |

快乐小事 8

| 快乐值 | 1 | 2 | 3 | 4 | 5 | 6 | 7 | 8 | 9 | 10 |

快乐预计单用"积极思维—积极情绪—积极行为"的链路，来激活你的行动力。

当然了，你无须给自己很大的压力，即使没有写够8件小事，也不用担心，我们不做强制分享的要求。你可以选择自己看，也可以选择分享给大家，决定权在你的手中。

年　　月　　日

时间
06:00

：

：

：

：

：

：

：

：

：

：

：

：

：

：

：

：

：

：

：

：

：

DAY 4

今日天气

今日气温

今日心情 ☺ ☺ ☺ ☺ ☺ ☹ ☹ ☹ ☹

今日待办

- ☐
- ☐
- ☐
- ☐
- ☐
- ☐
- ☐
- ☐

目标睡眠 21:00 22:00 23:00 24:00 01:00 02:00 03:00 04:00 05:00 06:00

实际睡眠 21:00 22:00 23:00 24:00 01:00 02:00 03:00 04:00 05:00 06:00

睡眠质量 好眠 一般 难眠 失眠 做梦 美梦 噩梦 忘了

今日步数

拍下美妙瞬间

眼睛是心灵的窗户。请你试着看向周围的环境，写下1～4件让你产生积极感受的画面。

1.美好画面（可以选择拍照、绘画、文字描述）
画面上有什么人、事、物？还有哪些细节是你想要特别描述的？

2.我的感受
如果你不知道如何描述你的感受，以下是可供你参考的积极感受词汇：快乐、满足、爱、自豪、感激、兴趣……

3.我的启发
这些感受会让你产生什么联想和启发呢？有其他的感受也可以写下来。

书写范例

画面

我看见几朵野花掉落在路边，每朵花都有5瓣，
每一瓣的颜色还都是渐变的呢！它们叠在一起，
好似扑克开扇的感觉，
沾上的泥土也不影响它们的美。

感受

我的感受是感恩、放松。

启发

这让我联想到了：好美的落花，是不是被环卫工人
一并扫到一起了呢？但是之前上下班时竟然从来没
注意到。

其他的想法：感谢神奇的大自然，美丽无处不在，
只要留意就能发现更多美。

*假如此时此刻的你觉得这个任务有些难度，也不要给自己太大压力，可以
选择带着这样的想法去观察和留意，收集好素材之后再完成书写。

启 发

知识卡

书写目标

留心看生活中的幸福小事，收集积极情绪碎片。

书写原理

提高视觉觉察力

在前4天的书写中，我们都在刻意练习和使用着陆技术（Grounding Technique）帮助我们将注意力锚定当下，今天我们将通过视觉感官来练习视觉觉察力。

积累视觉积极资源

用心观察生活中容易被忽视的人、事、物和细节，主动捕捉生活中的美好影像，给自己的积极资源库增添色彩。

相关概念

1.着陆技术

旨在帮助我们专注于此时此刻。当你被负性情绪淹没，沉浸在消极思维中时，它可以帮助你和这些消极情绪与思维拉开距离。

2.视觉与情绪

视觉刺激是最常用的情绪诱发方法，无论是文字、影像，都能够诱发出情绪体验。同样地，当我们能够带着积极情绪去留心觉察时，就可以将积极情绪和眼睛所观察到的事物进行联结。

年　　月　　日

时间
06:00

DAY 5

今日天气

今日气温

今日心情

今日待办

- [ ]
- [ ]
- [ ]
- [ ]
- [ ]
- [ ]
- [ ]
- [ ]

目标睡眠 21:00 22:00 23:00 24:00 01:00 02:00 03:00 04:00 05:00 06:00

实际睡眠 21:00 22:00 23:00 24:00 01:00 02:00 03:00 04:00 05:00 06:00

睡眠质量 好眠 一般 难眠 失眠 做梦 美梦 噩梦 忘了

今日步数

尝试触觉美好

触觉能让我们飘荡的思绪回到当下。请你尝试去触碰1～5种能让自己产生积极感受的物品。

1.我的触觉
是柔软的还是坚硬的？温度如何？是否有弹性？

2.我的感受
如果你不知道如何描述你的感受，以下是可供你参考的积极感受词汇：快乐、满足、爱、自豪、感激、兴趣……

3.我的觉察
化身观察者，写下感受给你带来的身心变化，有其他的想法或启发也可以写下来。

（可以不着急动笔，先带着这个任务去留心观察，收集好素材再完成。）

书写范例

触觉

我把手放在猫咪的肚子上，触摸猫咪柔软的肚皮。
猫咪腹部坠下来的肉肉又叫"保命袋"，最是柔软。
轻轻晃动猫咪，
它还会像水袋一样跟着晃悠。

感受

我的感受是快乐、满足。看着它慵懒的样子，我仿佛也从忙碌的工作生活中抽离出来了，感受到了片刻的欢愉和宁静。

启发

我的觉察：无论是撸猫的当下，还是书写的此刻，我都能联想到当时的感受，整个人感觉很温暖，很有安全感。

*假如此时此刻的你觉得这个任务有些难度，也不要给自己太大压力，可以选择带着这样的想法去观察和留意，收集好素材之后再完成书写。

触觉

感受

启 发

知识卡

书写目标

写下碰触带来的感受，提升触觉觉察力，体验自我抱持。

书写原理

提高触觉觉察力
感受指尖或身体其他部位触碰时的感受，就像哈洛恒河猴实验中的幼猴一样，感受来自触觉的爱意。

自我抱持
舒适的触感能让我们与他人和世界产生联结，给自己充电，做自己的充电站。

相关概念

1.触觉与情感
人体最大的器官是皮肤，皮肤中遍布着神经感受器，能带给我们充沛的情感，婴儿与母亲的接触能有效缓解婴儿的焦虑。

哈佛大学一项为期13年的追踪研究发现，缺乏亲密肢体接触的孩子，长大后的情感体验也非常匮乏，无法与他人建立亲密关系。

2.恒河猴实验

著名心理学家哈里·哈洛（Harry F. Harlow）让幼猴单独接触铁丝妈妈（有食物）和绒布妈妈（无食物），结果发现幼猴只会在需要喝奶时靠近铁丝妈妈，其余时间均窝在绒布妈妈的怀中，不肯离开。

这个实验证明了爱源于接触，而非食物。

3.自我抱持

"抱持"是精神分析学家唐纳德·温尼科特（Donald W. Winnicott）提出的一个概念，被形象地比喻为"双臂环绕"，就像是被母亲环抱在怀里，充满安全感。

自我抱持就像是内心住进了"母亲"，在我们需要时，温柔地拥抱和托住自己，充分接纳情绪，提供必要的支持。

*前5天，我们调用了五感来觉察和感知生活的美好，通过刻意的书写练习来强化和养成觉察的习惯。现在，你掌握觉察的能力了吗？

年　　月　　日

时间
06:00

：

：

：

：

：

：

：

：

：

：

：

：

：

：

：

：

：

：

：

：

今日天气

今日气温

今日心情

今日待办

☐ _____

☐ _____

☐ _____

☐ _____

☐ _____

☐ _____

☐ _____

☐ _____

目标睡眠　21:00　22:00　23:00　24:00　01:00　02:00　03:00　04:00　05:00　06:00

实际睡眠　21:00　22:00　23:00　24:00　01:00　02:00　03:00　04:00　05:00　06:00

睡眠质量　好眠　一般　难眠　失眠　做梦　美梦　噩梦　忘了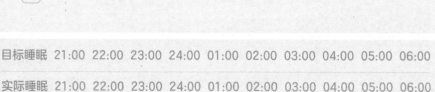

今日步数

此时此刻石

找一块你特别喜欢的小石头（或者其他手边的物件），带着自在、允许和享受的态度，开始今天的练习。

1.仔细看

仔细观察这块小石头，留意石头的形状、颜色、边缘的弧度和它反射出来的光芒，记录下你的观察结果。

2.用心摸

当你触摸这块石头时有什么感受，是光滑的还是粗糙的？表面温度如何？把你的感受写下来。

3.我的联想和情绪

当你全神贯注地把玩这块石头时，会产生什么联想？产生了哪些情绪？

4.我的感受和启发

记录你回忆这些情绪时的感受，它们能给你什么启发？

在步骤4中，如果你无法准确地描述自己的情绪，可以参考下图的情绪轮盘。

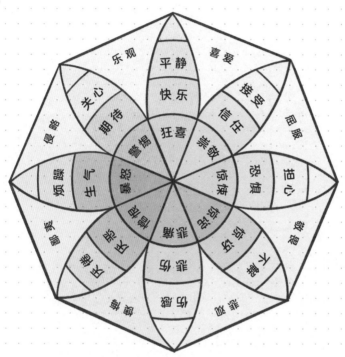

这个轮盘是由心理学家罗伯特·普拉奇克（Robert Plutchik）在经过大量的研究之后构建的，包含8种基本的情绪；同时，每一个基本情绪也会有与之相反的一面。颜色越深，说明情绪越强烈。

所以我们可以通过情绪轮盘来定位自己的情绪是哪一种，以及当下处于哪一个唤起程度。

观察

感受

联想

启发

知识卡

书写目标

自主调动所有感官，觉察幸福资源，为自我关怀打下基础。

书写原理

巩固觉察力
调动所有的感官激活联觉，巩固觉察力。

尝试关怀自我
前5天我们学会了从不同的感官来收集积极情绪碎片。本次练习中，我们尝试用积极资源来关怀自我。

相关概念

1.联觉
指一种感官刺激引起其他感官体验的心理过程，比如"歌声好甜""声音好暖"。

在加工方式上主要以知觉加工，即自上而下的加工为主。

通过对脑成像的研究发现，联觉体验能激活大脑区域网络，包含知觉、情绪等。联觉能够帮助我们在感知到的人、事、物和积极情绪之间建立正向循环。

2.自我关怀（Self-care）

简单地说，就是科学地照顾和保护自己。它让我们即使身处逆境，仍能学会拥抱自己，给予自己成长所需的力量。

它不仅仅是一个口号和概念，更包含了许多切实可行的操作。在后续的练习中，我们将会更深入学习如何进行自我关怀。

3.CBT疗法（Cognitive Behavior Therapy）

又称认知行为疗法，我们的情绪、行为是受主观想法影响的，这也是我们不断反复练习的核心理论基础。当你选择看到事物的积极面，就能体验到积极情绪，促使你做出正向的行动，形成良性循环。

年　　月　　日

时间
06:00

DAY

7

今日天气 ☀ ☁ ⛅ 🌬 🌫 🌑 🌙 🌧 ⛈ ❄

今日气温 🌡

今日心情 😐 🙂 😄 🙁 😣 😖 😔 😫 😠

今日待办

☐ ....

☐ ....

☐ ....

☐ ....

☐ ....

☐ ....

☐ ....

☐ ....

目标睡眠 21:00 22:00 23:00 24:00 01:00 02:00 03:00 04:00 05:00 06:00

实际睡眠 21:00 22:00 23:00 24:00 01:00 02:00 03:00 04:00 05:00 06:00

睡眠质量

好眠 一般 难眠 失眠 做梦 美梦 噩梦 忘了

今日步数

带着关怀前行

1.选择一项日常活动的时间

可以是起床喝咖啡的时候，或手机铃声响起的时候，或吃午饭的时候。

2.尽可能地调动全部感官去感受这一刻

比如品尝咖啡的味道，又或者感受洗澡时水流过身体时的感觉。

3.我的联想

带着温和、友善的觉知，写下体验时你脑海中产生的联想。

4.回顾

在过去的这7天里进行书写时，记录下你产生过的所有积极感受。

5.前行

细细地品味这些积极感受，它们能在困难时刻支撑着你继续前行吗？

每天中午走进公司的食堂，闻到飘在空气中的饭菜香味时，我都会深呼吸，让自己从上午的工作状态中暂时抽离。

我拿起餐盘，仔细地浏览菜单，考虑今天的午餐应该吃些什么。招牌烤鸡翅算是新出的菜式，我满怀期待地点了一份。找到位置坐下后，我迫不及待地撕下一块鸡翅尝尝味道。酥脆的外皮裹着香嫩的鸡肉，配上特制的香辛料，满嘴留香。

我回想这一周以来的点点滴滴，和同事配合工作，处理问题的针对性越来越强了，项目进展显著；大家勤奋努力的工作态度也很有感染力，我工作也更有动力；每天和同事一起的午休时光是我工作生活中的小确幸。这些愉悦的感受会让我在繁忙的工作中找到动力。每当感到烦躁或是压力大的时候，我会想起这些快乐的小片段，提醒自己保持积极的心态。有了同事们的陪伴和支持，我相信自己能够克服工作中的任何困难，继续向前迈进。

感受

选择

前行

联想

回顾

知识卡

书写目标

学会自我关怀，自主觉察和积累生活中的积极资源。

书写原理

选择某种积极情绪
调动所有的感官激活联觉，学会稳定地主动注意某种积极情绪或情绪组合。

应对困难
利用回想积极情绪以及与积极情绪有关的过往经验，来帮助我们应对生活中的困难时刻。

相关概念

1.积极情绪组合

理查德·拉扎勒斯（Richard Stanley Lazarus）提出了认知评估和认知再评估（或认知重评）的概念。我们对压力情境与自我的感知决定了我们要如何面对生活中的困难。

积极情绪组合则能帮助我们体验积极情绪，积累曾经的积极资源，以应对生活中不同时期的相似压力源。

2.静观自我关怀（Mindful Self-compassion）

可以用于增强自我关怀，静观能够帮助我们专注于当下，自我关怀是我们在静观中体验到的效益。

*第一阶段的书写练习到这里就结束了，我们刻意练习主动觉察和积极情绪积累这两个技能，为第二阶段的接纳痛苦、共通人性打下基础。

心理能力也像肌肉一样，需要反复练习，为坚持了7天的你点赞，继续加油吧！带着关怀的觉察，一起进入下一个旅程吧！

第二部分
与他人联结

人类最高的目标之一，
是创造和保持与他人的联结。

在过往你和他人的对话中，有没有出现过以下情况：

你总感觉对方话里有话，也觉得自己能听出来其背后的潜台词；

你总会找到对方的话里有哪些是指责你的，有哪些是伤害你的；

对方的话会让你觉得很受伤、很委屈："凭什么这么说我？"

对方还在说话的时候，你就已经在脑海里想好要怎么反驳、回击他

心理上的防御阻隔了我们和他人的有效沟通，让我们陷入无尽的内耗，还会不断地伤害着我们的关系。我们会将对方所有的表达都视作攻击，然后开始"自保"，沟通就这样走进了"防御—攻击"的恶性循环。

如果我们常常曲解对方的话，将对方的话都看作攻击，这背后可能有很多原因：或许是在人格上还不够成熟，往往有"非黑即白"的思维方式，只能看到事物的表面，难以理解和接受复杂的情况和多元的观点；或许是自我价值感较低，常常否定、攻击自己，过度关注自己的弱点和缺陷，对他人的评价异常敏感。这类人常常将对自己的不认可投射到别人身上，认为别人也都不认可自己，甚至攻击自己。

但其实，他们正在遭受的是自我攻击，真正在防御的也是自己对自己的攻击。如果你意识到自己也有这种状态，害怕会因此伤害到和他人的关系，那就要减少这种防御，好好和他人沟通。

我们不妨试试以下3个小建议：

①我们要找到自己的防御触发点。如果下一次再遇到生气的对话时，我们可以先深呼吸，停几秒平复情绪，分辨这些话是明确的、真实的攻击，还是自己臆想的、被某些过去的记忆唤醒的情绪所扰乱的。

②我们要积极倾听，真诚确认。如果在沟通中，你听出了对方的"话外音"，不妨真诚地询问他的真实意思，比如，对方说："你的小肚子软乎乎的。"你听后可以直接询问："你是在说我胖吗？还是别的意思？"对方解释说："我是觉得这样的你好可爱！"或许，我们在坦诚沟通后就会发现，自己以为的利刃，其实本身只是轻柔的羽毛。

③我们要练习自我关怀。我们总习惯去寻找一个能无条件接纳我们、爱我们的"完美爱人"，但事实上，这样的人只有我们自己。我们要试着去自我关怀，不再执着于批评自己的各种不足和缺点，而是去理解、接纳它们，接纳最真实的自己。当我们开始爱自己时，很多的恶意和攻击都将不攻自破。

所以，不妨试试在以后的日子，
留心观察自己，跟自己对话，
尽可能地去理解、满足那个内在的自己。

作者：小西

· 73 ·

第二周

第8天　　今日书写　　看见"我"的价值

第9天　　今日书写　　挑战消极的头脑

第10天　　今日书写　　应对负能量爆棚

第11天　　今日书写　　探寻生活的目标

第12天　　今日书写　　与世界重建联结

第13天　　今日书写　　保持关怀之心

第14天　　今日书写　　培养慈悲之心

能使人知己、爱己者，

未有不能知人、爱人者也。

——王安石

WEEKLY PLAN

—

本周计划

星期一	星期二

星期四	星期五	星期六

星期三

星期日

本周最期待的事情

年　月　日

时间
06:00

:

:

:

:

:

:

:

:

:

:

:

:

:

:

:

:

:

:

:

:

:

今日天气

今日气温

今日心情

今日待办

☐ _____

☐ _____

☐ _____

☐ _____

☐ _____

☐ _____

☐ _____

☐ _____

目标睡眠 21:00 22:00 23:00 24:00 01:00 02:00 03:00 04:00 05:00 06:00

实际睡眠 21:00 22:00 23:00 24:00 01:00 02:00 03:00 04:00 05:00 06:00

睡眠质量 好眠 一般 难眠 失眠 做梦 美梦 噩梦 忘了

今日步数

看见"我"的价值

1.请尽可能列出对你的自尊影响较大的10个方面，这些方面可能让你自我感觉良好，也可能让你感觉自己很糟糕，比如工作表现、作为父母的角色、体重等。

2.问自己以下几个问题，看看你对刚才那10个方面的想法和感受是否会发生一些改变？这些是否会带你走上歧途？

①我是否总在拿自己跟别人比较？超越他人对我来说意味着什么？

②我能够无条件地喜欢自己、爱自己原本的样子吗？

③我是否在以健康为代价，追求着完美（如身材、事业、人设等）？

影响我自尊的10个方面

1. 身材
2. 收入
3. 学历
4. 成绩
5. 父母的认可

6. 社交场合的表现
7. 领导的肯定
8. 朋友的喜爱
9. 伴侣的爱
10. 拥有特长

我的思考

① 大多数时候，我总是想要比别人好，总是在跟其他人比较。落后于人，会让我觉得自己是失败的，这辈子都不会幸福了。

② 无条件地爱自己，其实挺难的，我已经习惯去比较、评判自己了。当看到别人的表现比我更好的时候，我的内在就会有一个声音说："看吧，你就是不行。"

③ 这方面我确实有一些。为了减肥，我会刻意节食，甚至饿得胃痛也会故意忽视。

影响我自尊的10个方面

1

2

3

4

5

6

7

8

9

10

我的思考

知识卡

书写目标

从自我关怀的视角看待自己，维护自我价值感。

书写原理

识别影响因素
找出那些让你时而自我感觉良好，时而感觉糟糕的影响因素，从自我关怀的视角对它们进行重新审视和提问。

重新审视，带入自我关怀
停止使用"好/坏""有/无价值"等表达来评价自己，用自我关怀代替自我评价，从而培养更稳定的自我价值感。

相关概念

1.自我关怀与自我价值感
自尊是个人基于自我评价（比如我是好的/坏的、有/无价值的等）产生和形成的，它包含了能力感和价值感两个部分。

克里斯廷内夫（Kristin Neff）等人实验发现，相比自尊，自我关怀弱化了"自我评价与社会比较"的影响，能够给我们带来更稳定、更持续的自我价值感。

2.自我关怀与社会比较

自我关怀能够帮助我们减少社会比较和认知闭合需求。以关怀之心接受自己不完美的人，很少会把自我价值感建立在优越感和永远不会犯错的标准之上，这能够帮助我们在受到威胁时，不再那么愤怒和抵抗，可以更从容地应对。

社会比较：指我们把自己的处境和地位（包括能力、观点、身体健康状况等）与他人进行比较的过程。

认知闭合需求：指个体在面对模糊情境时是否愿意系统处理信息的动机。高认知闭合者会更容易匆忙做出决策，而不是采用系统分析的方式处理信息和进行决策。

*今天开始进入第二阶段的书写练习，我们开启了自我关怀的第二个入口，共通人性，接纳自己的不完美，获得更多美好的体验。

坚持就是胜利，
接下来的练习继续加油吧！

年　月　日

时间
06:00

:

:

:

:

:

:

:

:

:

:

:

:

:

:

:

:

:

:

:

:

:

:

今日天气

今日气温

今日心情

今日待办

- [ ]
- [ ]
- [ ]
- [ ]
- [ ]
- [ ]
- [ ]
- [ ]

目标睡眠 21:00 22:00 23:00 24:00 01:00 02:00 03:00 04:00 05:00 06:00

实际睡眠 21:00 22:00 23:00 24:00 01:00 02:00 03:00 04:00 05:00 06:00

睡眠质量　好眠　一般　难眠　失眠　做梦　美梦　噩梦　忘了

今日步数

挑战消极的头脑

1.写下事件

请回忆一件曾经发生的让你感到尴尬或不愉快的事件（记录发生了什么事和当时的反应），以及这件事后来对你产生了什么样的影响，把它写成一个小故事。

2.圈划情节

写好以后，请你圈划出故事中的客观事实（比如我在全校演讲时忘词了），以及你的所有心理反应（比如想法、感受、记忆、感觉、愿望、意象等）。

3.重写故事

尝试重写故事，只保留前面圈出来的"客观事实"，然后去扩展。你可以使用不同的形容词或描述方式，最后让新的故事拥有不同的主题、情节或者结尾。

4.关注体验

写完以后，你可以回顾和体验在写作的过程中，思维发生了什么变化？你观察到了什么？不必比较新旧故事的好坏，关注自己在整个过程的体验就好。

书写范例

1.写下事件

上小学时，我参加了学校的演讲比赛。在全校师生面前，我上台删讲了不到两句，就什么都想不起来了，脑袋一片空白。我当时好想遁地消失，最后是老师把我叫下台的。从那开始，我几乎再也没有主动要求过发言。别人鼓励我，我都会以各种理由搪塞过去，觉得自己不行，可能是因为性格内向，也可能是没有语言天赋，反正就是不行，不要让我说话就对了。

2.圈划情节

客观事实：上小学时，学校演讲忘词。

心理反应：羞愧，挫败感，不自信，觉得自己太内向，没有语言天赋，不适合做演讲这类事情。

3.重写故事

上小学时，我参加学校演讲忘词了。

那时候我太紧张了，大脑一片空白。但这也不算我的错吧，应该是人之常情。而且仔细回想，当时老师接我下来也没有批评我，还安慰我来着，可能真的只有我自己把这件事看得太严重了。因为给自己贴了"内向、没天赋"的标签，我再也没尝试过演讲，从小到大因此错过了很多机会。

4.关注体验

① 想起了更多之前没注意的细节，故事更完整了。

② 老师安慰我的记忆，让我感觉没那么羞愧了。

③ 有点可惜，过早地认定自己不行，或许应该再尝试一下看看。

写下事件

圈划情节

写故事

关注体验

知识卡

书写目标

摘掉自己身上的"标签"，更加灵活地关怀自己、欣赏自己。

书写原理

自我关怀时，你眼中的自己是什么样的？

一路走来，你身上都发生了什么事情？有了哪些变化？有什么样的东西被你吸收纳入了"我"的概念里？善良、勤奋、乐观、灵活、情绪化、随性、另类、无知、愚蠢、懒惰、不堪……

学会觉察你对自身很多标签的执着，很多时候过度相信那些标签，会让自己失去生命的活力，而沉浸在"我是怎样"的念头里无法逃脱。

给这些根深蒂固的念头松松土，如果故事不曾这样发展，可能会是怎样？通过观察书写的过程，找到可以关怀自己的更多路径。

相关概念

1.自我概念

自我概念（Self-Concept），即一个人对自身存在的体验，它由反映评价、社会比较和自我感觉三部分构成。可以简单理解为，我们在对自我形成概念的认知过程中，可能会给自己贴上的各种标签，比如"我是差劲的""我是没能力的"等。

2.削弱对自我概念的执着

我们对自我概念的执着，会一定程度上导致行为问题的出现。

对自我概念执着的人，会认为自己熟悉的、不断重复的积极和消极的观念是正确的。其实他们是被彻底禁锢在了这种"标签性"的牢笼里，他们甚至不知道，也不相信自己被禁锢了。

年　月　日

时间
06:00

:

:

:

:

:

:

:

:

:

:

:

:

:

:

:

:

:

:

:

:

:

今日天气

今日气温

今日心情

今日待办

- [ ]
- [ ]
- [ ]
- [ ]
- [ ]
- [ ]
- [ ]
- [ ]

目标睡眠 21:00 22:00 23:00 24:00 01:00 02:00 03:00 04:00 05:00 06:00

实际睡眠 21:00 22:00 23:00 24:00 01:00 02:00 03:00 04:00 05:00 06:00

睡眠质量　好眠　一般　难眠　失眠　做梦　美梦　噩梦　忘了

今日步数

应对负能量爆棚

1.想象你拥有一整座花园，而且这个地方只有你一个人可以进入，它有一个很好的边界，当你身处其中时，能够受到很好的保护。

2.请你闭上眼睛，想象自己慢慢一步一步走进这个花园，你可以看见它的颜色，听见它的声音，闻到它的味道，伸出手时感受到它的触感。请你在这里休息片刻，尝试放下此刻你的所有担忧，把注意力都放在这个只属于你的花园里，在那里待几分钟。

3.等你准备好了，请你尝试记录下你所感受到的所有这些。

颜色：＿＿＿＿＿＿＿＿＿＿＿＿＿＿＿

声音：＿＿＿＿＿＿＿＿＿＿＿＿＿＿＿

气味：＿＿＿＿＿＿＿＿＿＿＿＿＿＿＿

触感：＿＿＿＿＿＿＿＿＿＿＿＿＿＿＿

心情：＿＿＿＿＿＿＿＿＿＿＿＿＿＿＿

10日回顾

完成今日的练习以后，请你回顾一下过去这10日的练习。

在你练习书写的过程中，有没有什么感受或者画面曾经让你体验到安全、舒适？

如果你愿意，可以把它们也记录下来，放进这个花园里，这是一个专属于你的空间。

我的花园

颜色	近处灌木的绿，高处树影的黑， 远处麦田里金黄、红、黄、粉白的花
声音	风吹树叶的唰唰声，鸟鸣声，小动物走动的声音， 老树旧枝折断的声音
气味	潮乎乎的，风里夹杂着一股清香，地面有松针的味道
触感	树木有点儿刺刺的，手伸向阳光暖暖的
心情	舒畅，开心，平静，好奇

回顾10日，我想要添加的

颜色	好看的蛋糕的紫，雨过天晴的蓝，水滴的晶莹剔透
声音	深夜路边摊的炒菜声，噼里啪啦的烤串声
气味	烤肉味，刚晒干的衣服的味道
触感	柔软的玩偶，舒服的枕头
心情	愉快，兴奋

我的花园

颜色	
声音	
气味	
触感	
心情	

回顾10日，我想要添加的

颜色	
声音	
气味	
触感	
心情	

知识卡

书写目标

统合自我关怀的积极资源，放松身心，放下担忧。

书写原理

结合安全岛技术与正念，我们想象自己身处于一个能够感到安全、放松、舒适的环境，仔细去描述它的样子，包括气味、味道、声音、颜色等，放下不必要的担心，渐渐放松身心，将注意力集中在当下。

相关概念

1. 安全岛技术

指在个体的内心深处找到一个绝对惬意舒适的场所。在个体想象的安全岛上，没有任何压力存在。

2. 焦虑与不必要的担心

哈佛心理实验室曾经对人的焦虑进行过科学的量化、统计与具体分析，结果发现人类几乎有99%以上的焦虑是毫无必要的。而焦虑的事件可归类为下面5种：

①40%是对未来的担忧；

②30%是过去的事情；

③22%是生活中一些微不足道的小事；

④4%来自个人无法改变的事实；

⑤4%来自我们正在做着的事情。

3. 安全感

安全感是一种从恐惧和焦虑中脱离出来的对信心、安全和自由的感觉，是满足一个人现在和将来各种需要的感觉，是对可能出现的身体或心理的危险或风险的预感，以及个体在应对处置时的有力/无力感，主要表现为确定性和可控制感。

年　月　日

时间
06:00

：

：

：

：

：

：

：

：

：

：

：

：

：

：

：

：

：

：

：

：

：

：

DAY
11

今日天气   今日气温

今日心情

今日待办

- ☐
- ☐
- ☐
- ☐
- ☐
- ☐
- ☐
- ☐

目标睡眠 21:00 22:00 23:00 24:00 01:00 02:00 03:00 04:00 05:00 06:00

实际睡眠 21:00 22:00 23:00 24:00 01:00 02:00 03:00 04:00 05:00 06:00

睡眠质量
好眠 一般 难眠 失眠 做梦 美梦   噩梦 忘了

今日步数

探寻生活的目标

你是否曾想象过自己10年后的人生图景？这次的书写我们就来展望一下未来，从中发现当下生活的目标和意义。可以结合下面两点去书写：

1. 10年后，你的人生图景中什么是最重要的？什么是你真正想要的？

2. 如果要达到这样的图景，你需要在现在的生活中做哪些事，才能让自己获得人生的意义感和目标感？

你当下的行动或计划，跟你期望的人生意义或价值是一致的吗？
如果你发现自己并不如愿，你可以做些什么来满足自己所需的理解或者支持呢？
此刻，你的感受又是如何呢？

我10年后的人生图景

某个周末的早上6:30，我在鸟语花香中醒来，去阳台看我的花草，它们正姹紫嫣红。吃完早餐我就出门买菜、逛街。回家后休息一下，写作两小时，主题可以是心理学或者育儿，也可以只是我一周生活的记录。中午吃个简易午餐，下午去逛逛公园，回到大自然中。晚餐吃点自己喜爱的蔬果、蛋白质。总之，这一天就是要休闲！

我的思考

要想达到这样的图景，我会持续在心理学这个领域深耕，将它融入我的生活，既将它作为事业，也将它作为改善心境、平和生活的有力武器。

① 在充满烦恼与转折的30岁，我仍在为自己的事业努力，我觉得现在的选择是符合未来期望的。

② 虽然结果永远不可能"完美"，但我也非常感谢一路以来辛苦的自己，去继续积累更多的经验和感悟，做到每日对自己的关照，去努力让自己开心，去制订更加符合期待的计划。

③ 此刻，我想到：我好想过自主的生活啊。畅想未来也能让自己更珍惜现在。生活是值得想象的，值得期待的，敢畅想未来才能实现期待。

我10年后的人生图景

我的思考

知识卡

书写目标

让自我关怀为行动助力，探寻幸福且有目标的人生。

书写原理

对于价值的强调是接纳承诺疗法（Acceptance and Commitment Therapy，ACT）与其他众多心理疗法相比的独特之处。你活着的意义或者价值是什么？可能是某一种成就，某一个身份，某一段经历或者某一些品质，思考并记录它们，找到你内心所向往的方向，并运用自我关怀的力量，支持和滋养你前进的脚步。

相关概念

一项有关"生命意义与主观幸福感的关系"的研究结果显示，生命意义能有效预测主观幸福感。

除此以外，具有较强生命意义感的受试者具有较弱的抑郁症状，而具有较高抑郁评分的受试者被发现具有较弱的生命意义感。生命意义感较强的个体表现出更健康的心理状态。结婚或进入浪漫关系，以及参与社会活动，被证明是生命意义的重要来源。

在探寻和思考生命意义的时候，我们的视角将不断放大，从更长远和宏观的视角看待当下。

年　　月　　日

06:00

＿：＿

＿：＿

＿：＿

＿：＿

＿：＿

＿：＿

＿：＿

＿：＿

＿：＿

＿：＿

＿：＿

＿：＿

＿：＿

＿：＿

＿：＿

＿：＿

＿：＿

＿：＿

＿：＿

DAY 12

今日天气

今日气温

今日心情 ☺ ☺ ☺ ☹ ☹ ☹ ☹ ☹ ☹

今日待办

- [ ] _____
- [ ] _____
- [ ] _____
- [ ] _____
- [ ] _____
- [ ] _____
- [ ] _____
- [ ] _____

目标睡眠　21:00　22:00　23:00　24:00　01:00　02:00　03:00　04:00　05:00　06:00

实际睡眠　21:00　22:00　23:00　24:00　01:00　02:00　03:00　04:00　05:00　06:00

睡眠质量	好眠	一般	难眠	失眠	做梦	美梦	噩梦	忘了

今日步数

与世界重建联结

记录5个让你感到"我跟他/她一样！"的瞬间。这些瞬间可以来自许多方面，比如你和朋友同时对一件事的吐槽，跟某人有着同样的爱好、相近的目标或者同样的烦恼等。

先不着急动笔，你可以尝试着先去回忆，找到那些让你冒出类似"啊，原来不是只有我一个人"这样想法的时刻，等你收集好素材，再开始动笔。

注意觉察你在回想和记录这些瞬间时内心的感受，不做评判地去体验。

我感到"原来不是只有我一个人"的瞬间

① 病痛：去医院才发现，那么多人跟我一样因颈椎病而痛苦，甚至有人比我更年轻

② 压力：跟朋友抱怨工作的烦恼，发现她这段时间压力也很大，互相远程抱一抱彼此

③ 爱好：偶然听到店里在放一首自己喜欢的歌，周围好像有人在小声跟唱，感觉真奇妙！

④ 兴趣：无意中跟朋友提起想去某个地方旅游，对方说"要不我们下个假期一起去吧！"

⑤ 特点：发现朋友左眼皮上也有一颗小小的痣

我的体验

朋友们的苦难，是我的快乐源泉！哈哈，开玩笑的。下次要约好一起出门的日子！

5个瞬间

1

2

3

4

5

我的体验

知识卡

书写目标

记录我与他人"一样"的瞬间，体验联结带来的幸福。

书写原理

通过记录发现自己跟他人之间存在"相同之处"的时刻，体验人与人之间联结的美好，更好地享受亲密、友好的人际关系。

相关概念

社会联结（Social Connectedness）是个体与周围世界保持人际亲密度的完整的自我觉察。高社会联结的个体倾向于感知与他人关系的亲密，易于认同他人，认为他人友好可亲，并且愿意参与社会团体和活动。大量研究证实，社会联结是众多心理烦恼症状的保护性因素。

研究发现，与他人保持联系有利于心理和身体健康，并且能够降低抑郁和身体疾病的风险。

辛德瑞·哈切森（Cendri Hutcherson）等人研究发现，即使只是几分钟的慈爱冥想，也会在外显和内隐层面上增加社交的积极性。

年　月　日

时间
06:00

:

:

:

:

:

:

:

:

:

:

:

:

:

:

:

:

:

:

:

DAY
13

今日天气

今日气温

今日心情

今日待办

- [ ]
- [ ]
- [ ]
- [ ]
- [ ]
- [ ]
- [ ]
- [ ]

目标睡眠 21:00 22:00 23:00 24:00 01:00 02:00 03:00 04:00 05:00 06:00

实际睡眠 21:00 22:00 23:00 24:00 01:00 02:00 03:00 04:00 05:00 06:00

睡眠质量 好眠 一般 难眠 失眠 做梦 美梦 噩梦 忘了

今日步数

保持关怀之心

我们在DAY9的书写练习中，已经尝试过故事情节的练习，这一次请你尝试从关怀的视角，再做一次这个练习，并且关注自己的体验。

1.写下事件

请回忆一件曾经发生的让你感到"尴尬或不愉快"的事件（记录发生了什么事情和当时的反应），以及这件事后来是否对你产生了很大的影响，把它写成一个小故事。

2.圈划情节

写好以后，请你圈划出所有客观事实，以及所有你的心理反应（想法、感受、记忆、感觉、愿望、意象等）。

3.带入"自我关怀"重写故事

只保留前面圈出来的"客观事实"，开始重写故事：如果在这个故事里，我可以给到自己足够的理解、支持和爱意，那么新的故事将会有怎样不同的主题、情节或结尾呢？

4.关注体验

在写完以后，可以多多回顾和体验自己写作的过程，你的思维发生了什么变化？你观察到了什么？不必比较新旧故事的好与坏，关注整个过程的体验就好。

书写范例

1.写下事件

上小学五年级时，我参加了学校的演讲比赛。在全校师生面前，我上台讲了不到两句，就什么也想不起来了，脑袋一片空白，当时好想遁地消失，最后是老师把我叫下台的。从那开始，我几乎再也没有主动要求过发言，别人鼓励我，我都会以各种理由搪塞过去，觉得自己不行，可能是因为性格内向，也可能是没有语言天赋，反正就是不行，不要让我说话就对了。

2.圈划情节

客观事实：上小学时，学校演讲忘词。

心理反应：羞愧，挫败感，不自信，觉得自己太内向，没有语言天赋，不适合做演讲这类事情。

3.重写故事

上小学时，我参加学校演讲时忘词了。那个时候我才11岁，现在看来要求11岁的孩子上台时不紧张确实还挺过分的，可那个时候我就是这么苛责自己的；换成其他小朋友上台，也很可能遇到同样的情况啊；失败一次并不意味着永远不会成功，我应该多给自己一些鼓励。今天的我觉得，那时候懵懵地站在台上，等着老师来"救援"的我，很可爱！

4.关注体验

① 我心里有些地方变得柔软了；

② 回想那个画面，感觉明亮了一些；

③ 想抱抱自己。

写下事件

圈划情节

写故事

关注体验

知识卡

书写目标

带着关怀之心重新审视当下的处境，觉察新的体验。

书写原理

从缺少关怀的视角去看待自身的处境和遇到的问题，会让我们感到无力、困惑、焦虑、紧张。作为一个旁观者，去观察当我们从自我关怀的视角去面对同一件事，会产生怎样的体验和感受。

在培养关怀之心时，同样无须去评判一种思想、一种情感或一个记忆是好或者不好，而是去思考自己在观察的过程中发现了什么，不做多余的判断和评价。

相关概念

内夫在2003年的研究中发现：

①自我关怀能够让我们认识到，不完美、犯错和遭遇生活困难是人类经历的一部分。这是所有人都经历过的，而不是只发生在"我"身上。

②当我们面对暴躁、不足或失败时，自我关怀能够让我们对自己有更多理解，而不是无视自己的痛苦或进行自我批评。

③自我关怀需要对自己的消极经历采取开放且友善的态度，这样痛苦的感觉既不会被压抑，也不会被夸大。

这意味着，如果我们能够从自我关怀的视角去看待自己的经历时，就不会太过于苛责自己，能够更客观地看待问题，并且体验到更多自我接纳。

年　月　日

时间
06:00

:

:

:

:

:

:

:

:

:

:

:

:

:

:

:

:

:

:

:

:

:

DAY 14

今日天气

今日气温

今日心情

今日待办

- [ ]
- [ ]
- [ ]
- [ ]
- [ ]
- [ ]
- [ ]
- [ ]

目标睡眠　21:00　22:00　23:00　24:00　01:00　02:00　03:00　04:00　05:00　06:00

实际睡眠　21:00　22:00　23:00　24:00　01:00　02:00　03:00　04:00　05:00　06:00

睡眠质量　好眠　一般　难眠　失眠　做梦　美梦　噩梦　忘了

今日步数

培养慈悲之心

记录5个感恩事件，它可以来自许多方面，无论大小都可以，如感恩生命、感恩环境、感恩他人、感恩某一瞬间等。

先不着急动笔，你可以带着这个任务，花时间去感受和回忆，即便生活中有很多不如意，至少你还可以感恩一路以来都在坚持的自己。等你收集好素材，再开始动笔。

注意觉察你在回想和记录这些瞬间时内心的感受，不做评判地去体验。

书写范例

我的感恩日记

① 这周天空的颜色很美，让我有机会欣赏到大自然的画卷。

② 昨晚的雨声，陪我入睡。

③ 有次下班路上，同事打车顺路送我回家。

④ 朋友陪我去吃了一直想吃的一家自助烤肉。

⑤ 今天自己做的手冲咖啡，味道还不错。

我的体验

生活固然充斥着些许苟且和无奈，但夹缝之中真的藏着一些让人感觉暖乎乎的东西呀！下一次难过时，我还能发现它们吗？保持感恩之心，果然是需要练习的！

我的感恩日记

1

2

3

4

5

我的体验

知识卡

书写目标

记录感恩时刻，提升日常幸福感。

书写原理

通过记录近期发生的感恩事件，提高个体的感恩水平，进而获得更高的生活满意度和更丰富的积极情感。

相关概念

感恩是当前积极心理学的热点课题，是指个体用感激情绪了解或回应因他人的恩惠或帮助而使自己获得积极经验或结果的一种人格特质。

感恩干预可以有效提高个体的感恩水平，进而提升幸福感，其策略主要包括感恩记录、感恩沉思和表达感恩行为等。感恩记录是当前使用最多的干预方法。

大量研究表明，积极情绪是个体幸福感的促进因子，而感恩自身就是一种重要的积极情绪特质。

*第二阶段的书写练习到这里就结束了，我们学会了接纳不完美，用关怀之心看待事物和感恩日常，以及试着去寻找我们心的方向。

接下来，我们即将进入自我关怀的第三段旅程，继续在行动层面改善自己的情绪管理能力、危机解决能力、人际关系能力，开启更多实践吧！

第三部分
善待自我

愿生活不太拥挤，
笑容不必刻意。

35岁的Tara在大家看来是一位情绪稳定的职场女性。

有句话是这么说的：会哭的孩子有糖吃。但对于小时候的Tara来说，她的爸妈却总说："哭哭哭，哭有什么用？"

Tara长大后，学会了"控制情绪"，出现问题就想办法解决，因为她认为哭是没有用的，宣泄情绪只是在浪费时间。靠着这条法则，她的工作完成得不错，虽然同事关系、人际往来很淡漠，但领导对她是满意的。

可结婚后，Tara的丈夫刚好相反，是一个情感充沛、热情外露的人。看似互补的两个人，婚后伴随着柴米油盐和孩子的教育问题，矛盾开始慢慢变多……

但在Tara看来：
因为"小事"跟服务员争执没有必要，毕竟人家也已经退钱了；
工作就该有事说事，帮对方纠正错误就行，不用投入那么多私人感情；
孩子不开心要教她克服和解决问题，光是发泄情绪没有用。

直到丈夫很疲惫地提出"分开冷静一下"，直到自己的体检报告单上有了"异常"二字，她才发现事情有多严重。她怎么也想不明白，"情绪稳定"不好吗？到底是哪里出错了？

其实，所谓的"情绪稳定"，不过是另一种霸凌。很多人认为有情绪波动是糟糕的、没用的。但是，人怎么可能没有情绪呢？否定情绪，也是否定了周围产生情绪、表达情绪的人，使他们觉得自己被责怪、被批判。更可怕的是，这种隐形霸凌，不但对外，还会对内。

"忍一时卵巢囊肿，退一步乳腺增生。"体检报告似乎在提醒我们：一定不能忍。那么，放任自己发泄出来就会好吗？伦敦大学学院的一项研究表明，哪怕只是几分钟的情绪爆发，也会让血压和心跳急速上升，使得心脏病发作的可能性提高19%。

忍也不行，发泄也不行，难道就没有什么办法了吗？

人们总是带着情绪去处理问题，认为问题和情绪可以一同被解决，却从来没有想过，给自己的情绪单独留出一些空间和时间，先把情绪解决掉，再去处理问题本身，或许效果会更好。

我们不妨试着用正念和书写来管理情绪，尝试着平静地看待问题，而不是在情绪的旋涡中消耗自己；试着在心如止水的理性状态中，卸下多余的焦虑和压力，唤醒内在力量，保持良好的身心状态。

从翻开下一页开始，试着与自己的感受、想法和需求建立联结，学会"跳出来看自己"。照顾好自己的健康和情绪，人生就已经赢了。

作者：林雪敏

第三周

第15天　　今日书写　　看见情绪背后的需要

第16天　　今日书写　　解开引发情绪的症结

第17天　　今日书写　　做出有智慧的选择

第18天　　今日书写　　从情绪高压中脱离

第19天　　今日书写　　对生活全然地接纳

第20天　　今日书写　　在人际交往中做回自己

第21天　　今日书写　　拥抱自己，达成成就

人生最重要的不是快乐，
而是平静。

WEEKLY PLAN

本周计划

星期一	星期二

星期四	星期五	星期六

星期三

星期日

本周最期待的事情

年　　月　　日

时间
06:00

:

:

:

:

:

:

:

:

:

:

:

:

:

:

:

:

:

:

:

:

今日天气

今日气温

今日心情

今日待办

☐ _____

☐ _____

☐ _____

☐ _____

☐ _____

☐ _____

☐ _____

☐ _____

目标睡眠 21:00 22:00 23:00 24:00 01:00 02:00 03:00 04:00 05:00 06:00

实际睡眠 21:00 22:00 23:00 24:00 01:00 02:00 03:00 04:00 05:00 06:00

睡眠质量　好眠　一般　难眠　失眠　做梦　美梦　噩梦　忘了

今日步数

看见情绪背后的需要

1.回忆一种负面情绪

从最近的生活中提取一种不那么愉快的情绪，为其命名，可以参考前面的情绪轮哦。

2.回忆与情绪相关的事件

是什么事情触发了自己的这种情绪呢？尽量客观地描述这件事情，避免太过主观和极端的描述。

3.解读事件

你自己原本是如何看待这件事情的？有没有负面的想法？有没有过度解读的部分？

4.看见内心的需求

再深入思考一下，自己为什么会这么解读呢？自己内心其实想要的是什么或者不想要什么？试着把自己最真实的需要写下来吧。

书写范例

负面情绪

最近的一种负面情绪是害怕。

触发事件

周末学游泳时呛了水。

解读事件

被水呛到太恐怖了，学费白交了，我根本不能碰水。

内心需求

我不想学了，也不是非学不可，不学既不花钱，也不会
被水呛到。

负面情绪

触发事件

解读事件

内心需求

知识卡

书写目标

通过观察自己的情绪以及对事件的想法，挖掘情绪背后自己最真实的需要，厘清自己的想法、情绪与真实需要的联结。

书写原理

观察与核实

以觉察为基础，觉察我们的认知和情绪与客观事件、自己的行为以及环境的普遍联系。

看清背后的需要

核实我们产生的想法背后隐藏着自己怎样的真实需要。

相关概念

1.情绪的产生

我们对一个事件（A）如何解释，也就是我们产生的想法和认知（B），会产生相应的情绪（C），进而影响行为（D）的发生。情绪和行为有时也会反过来继续影响我们的认知。

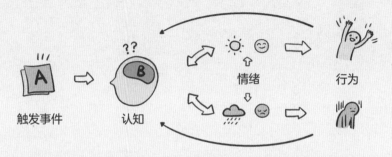

触发事件　　　　认知　　　　　　情绪　　　　　行为

上图中的消极认知（也就是对事件的负面解读）主要包括：

① 我们对于现实的一些消极信念；

② 对触发事件进行错误诠释；

③ 一些对自己和世界的扭曲的思维方式。

我们只有看见自己的认知（想法），才可能管理好自己的情绪。

2.需要与认知

心理学家亚伯拉罕·马斯洛（Abraham H. Maslow）将人的需要分为5个层次，越在下面的需要相对越低级，当较低级的需要得到满足后，就会向高层次的需要发展。越高级的需要越难满足，而且它们可能同时存在，只是低层级的需要对人行为的影响会比较小。需要作为我们人格中的一部

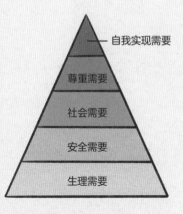

分，会影响我们对事件客观信息的提取，以及后续各种分析、判断、推理等一系列的认知过程，这时我们就会产生各种想法。也就是说，需要会影响我们的认知生成。也许个体的认知可能有些是错误的，但它们都是为个体的需要服务的。

年　月　日

时间
06:00

:

:

:

:

:

:

:

:

:

:

:

:

:

:

:

:

:

:

:

:

:

:

:

DAY 16

今日天气

今日气温

今日心情

今日待办

☐ _____

☐ _____

☐ _____

☐ _____

☐ _____

☐ _____

☐ _____

☐ _____

目标睡眠　21:00　22:00　23:00　24:00　01:00　02:00　03:00　04:00　05:00　06:00

实际睡眠　21:00　22:00　23:00　24:00　01:00　02:00　03:00　04:00　05:00　06:00

睡眠质量　好眠 　一般 　难眠 　失眠 　做梦 　美梦 　噩梦 　忘了

今日步数

解开引发情绪的症结

1.回忆一种负面情绪

从最近的生活中提取一种不那么愉快的情绪，为其命名。

2.回忆与情绪相关的事件

是什么事情触发了自己的这种情绪？尽量客观地描述这件事哦。

3.厘清想法与事实

写下自己当时对这件事的解读，然后换个角度，比如从其他人的角度重新描述事件，看看有没有自己忽略的事实。

4.试着用行动改变

问问自己可以通过哪些行为减少这些负面情绪的产生呢？不管是否天马行空，别急着自我否定，试着写下自己能想到的所有方法，从中选择一个，去努力实践吧！

书写范例

负面情绪

最近的一种负面情绪是嫉妒。

触发事件

在社交软件上看到别人活得成功、自在，

我的心里很难受，不想看但又忍不住去看。

想法与事实

我嫉妒别人有但自己没有的东西，认为他们在故意显摆。可能

别人就是单纯地记录生活，不是有意刺激我的。

行为改变

减少社交软件的使用或者转移注意力。我可以：

① 关掉朋友圈，不看微博；

② 限定各个软件的使用时长；

③ 不再关注那些让自己不舒服的人。

选择②去试着改变。

负面情绪

触发事件

想法与事实

行为改变

知识卡

书写目标

通过找到引发我们负面情绪的事件，进行问题解决，即对触发事件的出现频率进行有效控制，从而做到自我关怀。

书写原理

观察与核实

判断自己对事件的解读是否客观、真实，用行动去转变自己的认知，或者解决、消除引发情绪的问题事件，以此来减少我们负面情绪出现的次数。

相关概念

1.问题解决（Problem Solving）

它是由某个或某些问题引起的，我们经过一系列有目的的操作，使问题得以解决的过程。研究表明，问题解决对提升主观幸福感、缓解心理压力等都有显著的正向作用。

但问题解决并非简单、直线式地进行，而是一个复杂的过程，通常会出现一定的反复、曲折。所以在实际解决问题的过程中，我们不要因为一次失败而气馁，需要多次尝试。

2.自我否定（Self-denial）

指一个人对自己的评价过低，难以接纳自己，严重时会阻碍自我发展、自我完善和自我实现。

每个人都会有自我否定的时候，尤其是遇到挫折时。作家胡因梦说："人生命中的每个意念里差不多都含有自我否定和怀疑；自我否定和自我怀疑永远存在。"所以适当的自我否定也能帮助我们审视自己，了解自己需要挣脱的束缚。

年　月　日

时间
06:00

：

：

：

：

：

：

：

：

：

：

：

：

：

：

：

：

：

：

：

：

：

DAY

17

今日天气

今日气温

今日心情

今日待办

- [ ]
- [ ]
- [ ]
- [ ]
- [ ]
- [ ]
- [ ]
- [ ]

目标睡眠　21:00　22:00　23:00　24:00　01:00　02:00　03:00　04:00　05:00　06:00

实际睡眠　21:00　22:00　23:00　24:00　01:00　02:00　03:00　04:00　05:00　06:00

睡眠质量　好眠 　一般 　难眠 　失眠 　做梦 　美梦 　噩梦 　忘了

今日步数

做出有智慧的选择

1.回忆一种负面情绪

从最近的生活中提取一种不那么愉快的情绪，为其命名。

2.回忆冲动行为

回忆自己在情绪的支配下，有没有做出哪些冲动行为？尽量描述清楚情绪"控制"你做了什么。

3.利弊分析

试着分析一下自己冲动行为的利与弊。然后想想，如果自己当时抑制住情绪，没有做出冲动行为，会给自己带来怎样的利与弊？你可以在纸上画出一个2×2的格子，这样更直观哦。

4.智慧的判断

根据写下的内容综合判断一下，自己当时的冲动行为是利大于弊还是弊大于利吧！

提示：如果你愿意，还可以多想一想，这些利与弊中，哪些的影响是长期的，哪些的影响是短期的，这有助于你对自己的判断进行更深入的思考哦。

书写范例

负面情绪

最近的一种负面情绪是暴躁。

冲动行为

孩子不听话，我忍不住音量升高对他说话，偶尔还会打

他几下。

冲动的利与弊

利：自己发泄情绪了，还可以后面不再管他，让伴侣去管教；

弊：和孩子的亲子关系受到伤害。

不冲动的利与弊

利：不会因为打或骂而伤害到孩子，亲子关系也不会变僵。

弊：自己感到压抑、憋屈。

负面情绪

冲动行为

冲动的利与弊

不冲动的利与弊

知识卡

书写目标

帮你在遭遇情绪危机时，及时做好利弊分析，从而更快地回归自己的智慧心，更好地做出决策。

书写原理

利弊分析

辩证行为疗法（Dialectical Behavior Therapy，DBT）的核心技术之一。当我们在情绪和理智的双重驱使下，可能有多种行为选择时，利用此技术对不同选择结果的好处和坏处进行分析，可以有效阻止自己做出冲动行为，降低情绪对我们的控制力，从而做出对自己相对更有利的判断。

相关概念

智慧心（Wise Mind）

面对问题，我们能够把情绪和理智有机地结合起来，做出相对正确的决定，就是智慧心的作用。它是一个人理智与情感的集合。

当我们感受到强烈的情绪，感觉自己马上就要失控的时候，智慧心不会让我们用自己的理智去打败情绪，而是接受、尊重情绪的存在，再用理智试着去做出一个不会让我们以后感到后悔，同时也能达成目标的决定。

我们每个人都拥有自己的智慧心，但是可能很难一直稳定在这个状态，因此需要经过一定的有意识训练，才能达到理想中的效果。

彩蛋——快乐瓶子

假设每天有5个简简单单的小空瓶，让我们用快乐事件把它填上吧！当我们为每一个瓶子贴上快乐小事的标签，并填充它时，就是在勾起我们一个个快乐的回忆，激起我们一个个美好的愿望。在涂鸦的过程中，我们能暂时性地把情绪危机、压力抛之脑后，从平凡的生活中挖掘出美好。

有些快乐原本很平凡，正是因为被人们回忆和期待，才变得独特而珍贵。让我们行动起来吧！

范例

| 星期一 | 撸猫 | 喝咖啡 | 完成任务 | 按时下班 | 看剧 |

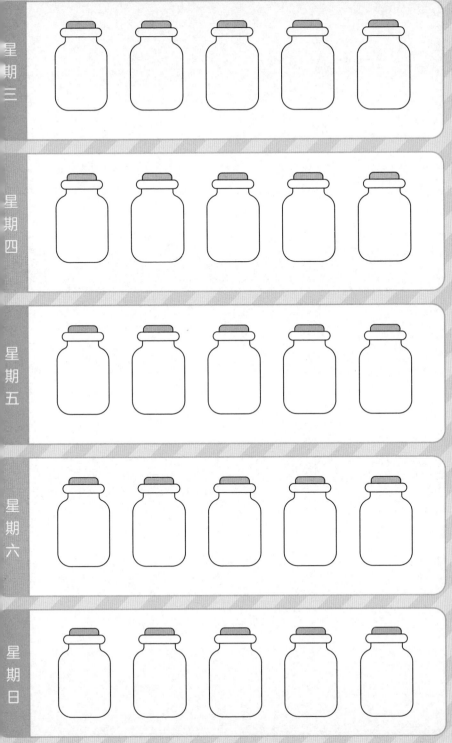

年　月　日

时间
06:00

：

：

：

：

：

：

：

：

：

：

：

：

：

：

：

：

：

：

：

：

今日天气

今日气温

今日心情

今日待办

- [ ]
- [ ]
- [ ]
- [ ]
- [ ]
- [ ]
- [ ]
- [ ]

目标睡眠 21:00 22:00 23:00 24:00 01:00 02:00 03:00 04:00 05:00 06:00

实际睡眠 21:00 22:00 23:00 24:00 01:00 02:00 03:00 04:00 05:00 06:00

睡眠质量　好眠 　一般 　难眠 　失眠 　做梦 　美梦 　噩梦 　忘了

今日步数

从情绪高压中脱离

1.回忆一种负面情绪

从最近的生活中提取一种不那么愉快甚至激烈的情绪，为其命名。

2.回忆与情绪相关的事件

是什么事情触发了自己的这种情绪？自己在该情绪的支配下，有没有做出哪些冲动行为？尽量描述清楚，让自己感觉又身临其境了。

3.回忆当时的场景

现在，停止去想那件事，试着去想想这件事发生的同时，周围正发生些什么？有其他人吗？他正在做什么、说什么？有什么物品？（这一步不强求，尽力就好。）

4.回到当下的场景

退出自己的回忆，试着观察并写下身边正在发生什么吧！有其他人吗？他正在做什么、说什么？此时此刻，空气里有怎样的味道？自己看见了什么，摸到了什么？尽量多地去觉察，让自己的心情慢慢平复哦。

书写范例

负面情绪

最近的一种负面情绪是生气。

触发事件

我白天工作已经够累了，晚上还要给孩子辅导功课，气得牙痒痒，所以嗓门特别大，还拍了桌子。

当时的场景

在孩子的房间，只有我和他；明亮的灯光；

桌子上全是书；孩子低着头。

现在的场景

外面多云，没太阳，有点风；窗外的树叶随风摇动，发出轻柔的沙沙声；楼下路上有祖孙俩，牵着手，估计是准备出去玩。

负面情绪

触发事件

当时的场景

现在的场景

知识卡

书写目标

在感受剧烈的情绪时，有意识地觉察生活中的其他事件，感受它们的存在，从而帮助自己回归当下，从情绪问题中抽离出来。

书写原理

停止冲动行为

以辩证行为疗法（DBT）中的STOP技术为核心，停止在负面情绪中沉沦。还可以结合第一周的五感练习和TIP技术，降低我们的情绪强度，避免后续做出一些可能会伤害自己或他人的冲动行为。

相关概念

1.STOP技术

该技术指的是当情绪来临时，让我们紧急刹车，从情绪中抽离的技术。

第一步，停止。当情绪和相关事件清晰地在脑海里呈现时，我们要及时按下暂停键，不再过度沉迷，不再去深入思考它的前因后果。

第二步，让自己退一步。我们可以在脑海里想象，自己往后退了一步；如果条件允许，可以在现实中选择放下手机，洗把脸，或是换个空间、看看天空等。

第三步，观察周围的环境。我们可以尽量多收集一些客观事实，进行客观的、实事求是的、不评判的观察。

第四步，智慧地行动。我们可以等自己平复心情后，再次回想起负性事件，用更加稳重、理智的状态去评估事件，可以使用利弊分析和问题解决等方法。

2.TIP技术

一种用来改变我们的身体状态，降低生理唤醒水平的技术。当我们感到自己的情绪就要爆发时，这一技术能让我们放下情绪。这包含以下3个方法，均有相关实验证明它们对改善情绪有明显效果。

温度（Temperature）：当情绪激烈失控时，心率通常会加快，较低的温度能够降低心率，如用冷水洗脸、手握冰块等。当感到沮丧、悲伤或抑郁时，心率通常会降低，较高的温度则可以提高心率，洗热水澡、进入温暖的被窝、喝杯热咖啡等都是不错的选择。

剧烈运动（Intense Exercise）：可以进行跑步、游泳、打篮球等有氧运动，持续至少20分钟，能有效释放我们因负面情绪而积攒下来的负能量。

有节奏的呼吸（Paced Breathing）：调整呼吸可减轻情绪引起的躯体表现（如心跳加速、脸红、口干等）。呼吸越深越慢，就能启动我们的副交感神经系统，有效降低我们的情绪强度。

年　月　日

时间
06:00

今日天气

今日气温

今日心情

今日待办

- [ ] _____
- [ ] _____
- [ ] _____
- [ ] _____
- [ ] _____
- [ ] _____
- [ ] _____

目标睡眠 21:00 22:00 23:00 24:00 01:00 02:00 03:00 04:00 05:00 06:00

实际睡眠 21:00 22:00 23:00 24:00 01:00 02:00 03:00 04:00 05:00 06:00

睡眠质量　好眠　一般　难眠　失眠　做梦　美梦　噩梦　忘了

今日步数

对生活全然地接纳

1.回忆压力事件

回忆自己生活中一个难以接受的负性事件，可以是正在发生的事，或是曾经发生的事。

2.厘清客观原因

试着写下造成事件发生的所有原因，注意尽量不要主观评判自己或责怪当时的情境。

3.感受变化

回忆这个事件之后，你有怎样的情绪在身体中涌起？如果有，试着写下来，看见自己的情绪；没有也没关系，可以跳过。

4.应对性陈述

现在请看着或写下这句话，并同时在心底默念，感受自己的感受：

无论有什么样的感受，都有其合理之处，我全然接纳；过去已无法改变，我可以选择接受现在所有的情绪和身体的变化。

如果觉得很难接纳也不要担心，每个人都会有不想面对的部分。静观当下，承认、允许自己现在还不愿意接受现实就好，慢慢来。

书写范例

负性事件

以前上学时被同学排挤，这使我在与新朋友
交往时总是感到焦虑，并且怀疑对方的动机。

客观原因

被排挤的原因：我不太会说话，慢热。青春期的孩子个性比较
张扬，容易组建小群体，处理不好自己的情绪和行为。

感受变化

我一回想就会感到愤怒和沮丧，还有害怕、悲伤。

应对性陈述

无论有什么样的感受，都有其合理之处，我全然接纳；过去已无
法改变，我可以选择接受现在所有的情绪和身体的变化。

负性事件 　　　　　　　　客观原因

感受变化　　　　　　　　应对性陈述

知识卡

书写目标

从过去的情绪危机中"存活"下来，不让我们的生活因情绪而变得更糟。

书写原理

告诉自己无法左右负面事件，试着放下且不去评判它，控制事件及其引发的情绪带给自己的痛苦。

相关概念

1.全然接纳（Radical Acceptance）

它的理论基础是心理学家卡尔·罗杰斯（Carl Rogers）提出的心理学范式，即接受是走向改变的第一步。

与普通接纳不同，全然接纳不代表被动、放弃和屈服，不代表我们认可、批准这些痛苦，不代表我们要同情、可怜自己。

它是一种有意识的决定，它的目标是让我们自己看到，在过往经历已经不可改变的情况下，还能有哪些选择。它的操作原理在于让人不依恋过去，这是克服痛苦的关键。它常被用于边缘型人格障碍患者的治疗中，同时它也有助于抑郁症和饮食失调等问题的治疗。

2.应对性陈述（Coping Statements）

它是一些接受现实原本样貌的陈述句，有助于我们巩固全然接纳练习，可以在平日里随时随地向自己诉说。比如：

当下的时刻是我唯一能控制的；

反抗和拒绝过去于我实属无益；

我接受事情的结果，接受现在时刻所发生的一切；

尽管消极情绪令我非常不舒服，但我一定能顺利度过。

年　月　日

时间
06:00

（　：　）

（　：　）

（　：　）

（　：　）

（　：　）

（　：　）

（　：　）

（　：　）

（　：　）

（　：　）

（　：　）

（　：　）

（　：　）

（　：　）

（　：　）

（　：　）

（　：　）

（　：　）

（　：　）

（　：　）

· 184 ·

DAY 20

今日天气

今日气温

今日心情

今日待办

- [ ]
- [ ]
- [ ]
- [ ]
- [ ]
- [ ]
- [ ]
- [ ]

目标睡眠 21:00 22:00 23:00 24:00 01:00 02:00 03:00 04:00 05:00 06:00

实际睡眠 21:00 22:00 23:00 24:00 01:00 02:00 03:00 04:00 05:00 06:00

睡眠质量 | 好眠 一般 难眠 失眠 做梦 美梦 噩梦 忘了

今日步数

在人际交往中做回自己

1.回忆人际交往事件

回忆近期一次人际沟通时发生的负性事件，简短地描述一下发生了什么事，尽量做到公正、客观。

2.感受情绪

你在这件事中感受最强烈的情绪有哪些？试着写下来，看见自己的情绪。

3.厘清想法和需要

为什么自己会产生这些情绪？列出你对这件事的想法以及背后的需要，尽量保持客观。

写下后问问自己，在这一次的沟通中，你最想要的是解决一个问题，还是维持人际关系和谐？抑或是自己的原则、价值观能被看见、被尊重？

4.试着表达

试着把你的感受、想法以及要求，以诉说的形式，用温和、自信、轻松又坚定的语气写下来。

5.设置底线

设想一个"万一"，例如事情的发展可能并不如自己的预期，那就设置一个自己绝不退让的底线。

书写范例

负性事件

合祖的室友用完厨房经常不及时收拾。

客观原因

我的感受：无语，烦躁，但又不好意思直接告诉对方。

感受变化

大家共处于一个屋檐下，与人方便就是与己方便。但如果我帮他打扫了，他以后可能就觉得反正有人清理，更不会去打扫了。我不能就这样默默地做。

试着表达

我可以说："今天，我进了厨房两次，看到垃圾一直在，有点乱。而且天气热了容易生虫子，爬到各自的房间里就不好了。你可以尽快打扫干净吗？你如果很忙，我也可以帮忙，两个人更快一些。"

设置底线

今天之内一定要打扫干净，否则就写个规则，比如我可以打扫厨房，但他需要多承担房租。

负性事件

客观原因

感受变化

试着表达

设置底线

知识卡

书写目标

在自我关怀的基础上更有效地和别人交流，减少由无效的人际沟通引发的问题。

书写原理

决定人际互动中的优先目标

明确在某段人际关系中，自己想要的是问题解决、关系和谐还是自我尊重，通过客观的练习去实现自己的目标。

相关概念

真正的尊重包含3个重要元素：

平等：我们受到他人的尊重，同时也要以同样的方式对待别人。

重视：平等是尊重的基本态度，在此基础上还要重视对方的感受和想法。

尊严：有尊严地对待一个人。

自我尊重即要求我们以尊重的态度对待自己，它与尊重的这三大要素息息相关，它也更意味着我们要求自己所处的关系都是相对公平的。

自我尊重要求我们不仅重视自己的感受和需求，更要有实际行动，它在人际关系里发挥着非常重要的作用。一方面，它教会别人用什么样的方式对待我们；另一方面，它是自我品质的体现，帮助我们赢得他人的欣赏。

*我们的训练内容已经基本完结，最后一天我们将回顾这段历程，巩固所学，强化自我关怀的行动。

年　月　日

时间
06:00

DAY 21

今日天气

今日气温

今日心情 😐 🙂 😊 😞 😣 😖 🙁 😫 😠

今日待办

- [ ]
- [ ]
- [ ]
- [ ]
- [ ]
- [ ]
- [ ]
- [ ]

目标睡眠 21:00 22:00 23:00 24:00 01:00 02:00 03:00 04:00 05:00 06:00

实际睡眠 21:00 22:00 23:00 24:00 01:00 02:00 03:00 04:00 05:00 06:00

睡眠质量 好眠 一般 难眠 失眠 做梦 美梦 噩梦 忘了

今日步数

拥抱自己，达成成就

1.回顾初心

21天的书写似乎一眨眼就过去了，你还能记得翻开第一页时的初心吗？你是想解决什么问题呢？

2.感受变化

回顾一下自己的成长，你觉得自己发生了怎样的变化？获得了哪些成就？写下来，见证自己的努力。即使没有改变或者缺点仍然存在也没关系，你能坚持下来就已经很棒了！

3.练习积累

通过练习，你掌握了哪些印象深刻并且能用在以后的生活中的方法和技术？

好了，看着自己写下的内容，感谢和拥抱自己吧，表扬自己是一个有能力、有目标、信念坚定的人！

最后，"壹心理"想借此对你说：这一段时间的练习，是一段善待自己的旅程，是自我改变、自我关怀的起点。我们欢迎你继续行动，保持练习习惯，未来还有更多可能。加油吧！

今天的书写就不给示例了，你有怎样的感悟都可以写下来，用心体会自己的成长哦！

今天，请随心所欲地书写吧

知识卡

书写目标

回顾初心，看见自我的改变；肯定自己，拥抱更多的可能。

书写原理

自我欣赏

看见、承认自己的成就和优点，对自己依然存在的弱点和缺点心怀关爱，才能拥抱自己的全部，拥抱真实的自己。

相关概念

1.善待自己与自我关怀

善待自己意味着我们要停止对自我的不断批判，停止负面的认知与情绪不断干扰我们的身心健康。它需要我们理解自己的缺点和失败，不再一味地苛责自己。

善待自己还包括积极主动地安慰自己、接纳自己，向自己传递出温暖、有爱的举动。

当我们形成善待自己的习惯时，痛苦反而让我们有机会体验来自内心的爱与温情，这也是对自己的关怀。生命之中，能一直不离不弃、守护着我们的，恰恰是自己。

2.负向偏差与自我欣赏

人的大脑会不自觉地更多关注负面信息和事件，所谓"坏事恒久远，好事转眼忘。"负向偏差（Negativity Bias）容易歪曲事实，让我们对自己和外界产生不平衡、不正确的认识。

有意识的自我欣赏能让我们更多地关注自己的积极面，从而平衡我们的自我认知。

彩蛋——情绪日历

在未来崭新的21天里，用不同的颜色，记录下自己每一天最明显的情绪吧！例如，你可以用红色代表愤怒，蓝色代表抑郁，黄色代表焦虑，绿色代表开心……

从明天开始，让我们用全新的21天来巩固这些天所学的知识与方法，观察自己的情绪变化吧。

DAY 1	DAY 2	DAY 3

DAY 4	DAY 5	DAY 6

DAY 7	DAY 8	DAY 9

DAY 10

DAY 11

DAY 12

DAY 13

DAY 14

DAY 15

DAY 16

DAY 17

DAY 18

DAY 19

DAY 20

DAY 21

图书在版编目（CIP）数据

自写自愈 / 壹心理著. -- 北京：人民邮电出版社，
2024.2
ISBN 978-7-115-63712-3

Ⅰ．①自… Ⅱ．①壹… Ⅲ．①情绪－自我控制 Ⅳ．
①B842.6

中国国家版本馆CIP数据核字(2024)第016197号

◆ 著　　　　壹心理
　责任编辑　袁　璐
　责任印制　陈　犇
　特约策划　张　璐　陈安娜　陈惠珊

◆ 人民邮电出版社出版发行　　北京市丰台区成寿寺路 11 号
　邮编 100164　　电子邮件 315@ptpress.com.cn
　网址 https://www.ptpress.com.cn
　天津图文方嘉印刷有限公司印刷

◆ 开本：880×1230　1/32
　印张：6.375　　　　　　　　2024 年 2 月第 1 版
　字数：121 千字　　　　　　2024 年 2 月天津第 1 次印刷

定价：59.80 元

读者服务热线：（010）81055671　印装质量热线：（010）81055316
反盗版热线：（010）81055315
广告经营许可证：京东市监广登字 20170147 号